Dr. Joachim Krug

IMPRESSUM

Idee, Text und Herausgeber:	Dr. Joachim Krug, Ozeanograph Hohenkirchen, 26434 Wangerland
Literaturhinweis:	Defant, „Physical Oceanography", PERGAMON PRESS Dietrich, „Allgemeine Meereskunde", Bornträger Verlag
Zeichnungen:	nach: Defant: „Physical Oceanography": 1 nach: BSH (DHI): Gezeitentafeln, Seehandbuch Nordsee: 3, 7, 8. Krug: 2, 18, 21.
Zeichner:	Peters, Zetel
Fotos:	Hempfling, Jever: 19, 22. Krug: Titelbild, 4, 5, 6, 9, 10, 13, 14, 15, 20, 23, 25 Kreisbildstelle Nordfriesland: 11, 12 Tuhy, Hohenkirchen: 17. Nord-West-Ölleitung: 16 BSH (Bundesamt für Seeschiffahrt und Hydrographie): 24
Verlag:	Küstenverlag, Hohenkirchen, Lessingstraße 7, 26434 Wangerland, Tel.: 04463/1027
Druck:	E. Söker, 26427 Esens

Hohenkirchen 2001   5. Auflage 41.—50. Tausend (1. Auflage 1993, 2. Auflage 1994, 3. Auflage 1995, 4. Auflage, überarbeitet, 1997)

ISBN: 3-929901-00-5

Ebbe und Flut

Das Wunder der Gezeiten

von Dr. Joachim Krug

Interessantes und Wissenswertes
über das wohl faszinierendste Erscheinungsbild des Meeres,
die Gezeiten

Inhalt

Vorwort

Das Meer bedeckt gut 70 Prozent der Erdoberfläche. Es nimmt damit den größten Teil der Erdoberfläche ein, ist aber auch der Bereich der Erde, über den wir noch am wenigsten wissen.

Fachleute wie Ozeanographen, Meeresbiologen, Meeresgeologen, Physiker und Chemiker wissen heute inzwischen vieles über das Meer als Einflußfaktor auf das Klima, als Nahrungsquelle, sogar als Rohstofflieferant. Das Meer ist aber nicht nur nützlich. Auch ohne, daß man es unbedingt wirtschaftlich nutzen will, ist es ein interessanter Teil unserer Erde. Eine Vielzahl Bilder und Bücher, insbesondere über Fauna und Flora des Meeres zeugen davon.

Kaum eine Antwort aber findet der interessierte Laie bisher über die physikalischen und chemischen Eigenarten des Meeres, ganz besonders über die Meeresbewegungen und die Kräfte, die sie hervorrufen und beeinflussen.

Dieses Heft soll als erstes in einer Reihe über Physik und Chemie des Meeres in allgemein-verständlicher Weise das Phänomen der Gezeiten und der Kräfte beschreiben, die sie hervorrufen und beeinflussen.

Ich möchte mich an dieser Stelle auch bei all den Personen und Institutionen bedanken, die durch fachliche, sachliche oder finanzielle Hilfe zum Gelingen dieses Heftes beigetragen haben und geholfen haben, dieses Heft zu einem für alle erschwinglichen Preis auf den Markt zu bringen:
Meinem Freund Georg Hempfling, der die Anregung zu diesem Buch gab. Bundesamt für Seeschiffahrt und Hydrographie, Hamburg; Abteilung Geophysik des Marineamtes, Wilhelmshaven; Foto Tuhy, Hohenkirchen; Nord-West-Ölleitung, Wilhelmshaven; Nordseebäderverband Schleswig-Holstein, Husum.

Besonders danken möchte ich meiner Familie für das Verständnis, das sie gegenüber meiner mit dem Schreiben eines Buches verbundenen körperlichen und geistigen „Abwesenheit" aufgebracht hat.

Einleitung

Ebbe und Flut, der ständige Wechsel der Gezeiten sind ein Phänomen, das Besucher der Nordsee und anderer offener Meere immer wieder fasziniert oder auch in Erstaunen versetzt.

Wie kommen diese Erscheinungen zustande? Warum läuft die Flut an einem Ort höher auf als an einem anderen? Warum ändert sich die Gezeitenhöhe sogar am gleichen Ort? Warum kommt die Flut täglich später? Was bedeuten die Ausdrücke Ebbe, Flut, Hochwasser und Niedrigwasser? Was ist der Unterschied zwischen Nipp-, Spring- und Sturmflut? Was ist ein Schwingungsknoten? Was verbirgt sich hinter einem Fremdwort wie Amphidromie?

Die folgenden Seiten wollen in leichtverständlicher Weise die wesentlichen Zusammenhänge aufzeigen und die wichtigsten Begriffe für das Verständnis der Gezeiten erklären.

Ebbe und Flut — wie kommen sie zustande?

Die Gezeiten entstehen aus dem Wechselspiel zwischen Anziehungskräften und Fliehkräften, die dadurch entstehen, daß sich Erde und Mond, aber auch Sonne und Erde um einen gemeinsamen Schwerpunkt drehen. Die Umdrehung der Erde um die eigene Achse trägt zur Gezeitenentstehung nichts bei, sie bewirkt lediglich die tägliche Zeitverschiebung von Ebbe und Flut. Die gezeitenwirksamen Beziehungen der Gestirne Sonne, Erde und Mond zueinander zu beschreiben ist sehr langwierig, deshalb sollen sie in diesem Kapitel nur kurz angesprochen werden. Wer sich genauer über die Entstehung der gezeitenerzeugenden Kräfte informieren möchte, kann auf den Seiten 25 bis 32 alles Wissenswerte über die Beziehungen und Bewegungsvorgänge zwischen Sonne, Erde und Mond, sowie deren Auswirkungen auf die Gezeiten nachlesen.

Betrachten wir an dieser Stelle zunächst einmal die beiden Himmelskörper Erde und Mond:

Erde und Mond drehen sich in 27,3 Tagen, einem sogenannten „siderischen Monat" einmal um einen gemeinsamen Schwerpunkt. Dieser Schwerpunkt liegt noch innerhalb der Erde etwa in der Mitte zwischen Erdmittelpunkt und Erdoberfläche auf der dem Mond zugewandten Seite der Erde.

Im Erdmittelpunkt heben sich die aus der Drehbewegung des Systems Erde-Mond resultierende Fliehkraft und die Massenanziehungskraft zwischen Erde und Mond gegenseitig auf. (Abb. 1)

Auf der dem Mond zugewandten Seite der Erde überwiegt die Massenanziehungskraft des Mondes und erzeugt eine Wasseraufwölbung, also einen Flutberg. Auf der dem Mond abgewandten Seite überwiegt die Fliehkraft und erzeugt ebenfalls einen Flutberg. Das sind die Hochwasser. Dazwischen wird das Wasser zu den beiden Flutbergen abgezogen und der Wasserstand somit erniedrigt. Das ergibt die Niedrigwasserphasen.

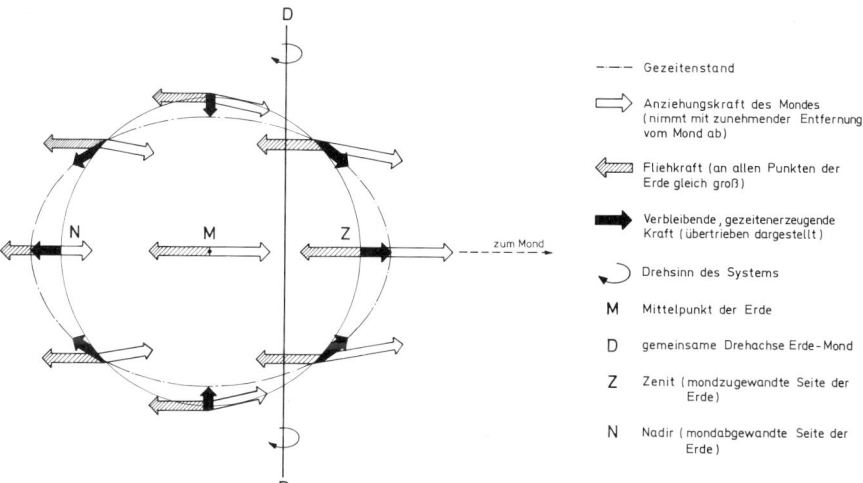

Abb. 1:
Die Fliehkraft des Drehsystemes Erde-Mond ist an jedem Punkt der Erde gleich groß (Seite 28), die Anziehungskraft des Mondes dagegen nimmt mit zunehmender Entfernung vom Mond ab. Im Erdmittelpunkt heben sich die Anziehungskraft (weiß) und die Fliehkraft (schraffiert) gegenseitig auf. Man erkennt, daß auf der mondabgewandten Seite die Fliehkraft überwiegt und auf der dem Mond zugewandten Seite die Anziehungskraft. Die Länge der schwarzen Pfeile symbolisiert das Verhältnis dieser beiden Kräfte zueinander.
Die Flutberge sind Wasseraufwölbungen mit Gipfeln im Zenit und Nadir. Das Niedrigwassertal erstreckt sich in Nord-Südrichtung um die ganze Erde. Flutberge und Niedrigwassertal laufen mit der scheinbaren Umlaufgeschwinigkeit des Mondes um die Erde.

Das System Sonne-Erde wirkt nach dem gleichen Prinzip. Da die Erde gegenüber der Sonne geradezu verschwindend klein ist, liegt der Schwerpunkt dieses Systems noch in der Sonne. Die Anziehungs- und Fliehkräfte aber wirken nach dem gleichen Muster wie zwischen Erde und Mond. Wegen der großen Entfernung Sonne-Erde sind die Auswirkungen auf die Gezeiten allerdings nur knapp halb so groß wie die des Systems Erde-Mond.

Die Drehung der Erde um ihre eigene Achse bewirkt, daß die Sonne scheinbar in 24 Stunden und der Mond in 24 Stunden und 50 Minuten um die Erde wandern. Die durch das System Erde-Mond erzeugten Flutberge oder Hochwasserwellen (Mondgezeit) laufen mit der Umlaufgeschwindigkeit des Mondes (Mondtag = 24 Stunden, 50 Minuten) einmal um die Erde. Die Sonnengezeit wandert mit der scheinbaren Umlaufgeschwindigkeit der Sonne (Sonnentag = 24 Stunden) einmal um die Erde. Dadurch verschieben sich Mond- und Sonnengezeit täglich um etwa 50 Minuten zueinander und erreichen nach 29,5 Tagen (ein synodischer Monat) jeweils wieder die gleiche Stellung zueinander.

Spring- und Nipptide

Je nach Stellung von Sonne, Erde und Mond zueinander verstärken sich diese beiden Gezeiten oder stören sich gegenseitig.

Stehen Sonne, Erde und Mond in einer Reihe (Vollmond, Neumond), verstärken sie ihre Wirkung. Wir haben Springtide.
Springtide: Hohes Hochwasser
             Niedriges Niedrigwasser

Stehen Sonne, Erde und Mond im rechten Winkel zueinander, (Halbmond), stören sie sich gegenseitig am stärksten. Wir haben Nipptide.
Nipptide: Niedriges Hochwasser
           Hohes Niedrigwasser

Die Gezeitenhöhe wird noch durch eine Reihe anderer Faktoren bestimmt, wie die unterschiedliche Entfernung des Mondes (der Sonne) von der Erde, die Deklination des Gestirnes, das ist die Neigung über dem Horizont u.a.m.. Das auffälligste Beispiel für die Deklination ist der Neigungswinkel der Sonne, der z. B. im Nordwinter, wenn sie über der Südhalbkugel steht, ganz anders ist als im Nordsommer. Diese Faktoren beeinflussen die Gezeitenhöhe zusätzlich, sind aber für das Verständnis der Gezeiten ohne Bedeutung.

Die Springflut tritt in den meisten Regionen der Erde nicht genau am Tag des Voll- oder Neumondes auf, sondern mit einigen Tagen Verspätung. (Für die Nippflut gilt entsprechendes.) Man nennt diese Zeitverzögerung

Spring-und Nipptide

Springtide
Sonne-Erde-Mond in einer Linie

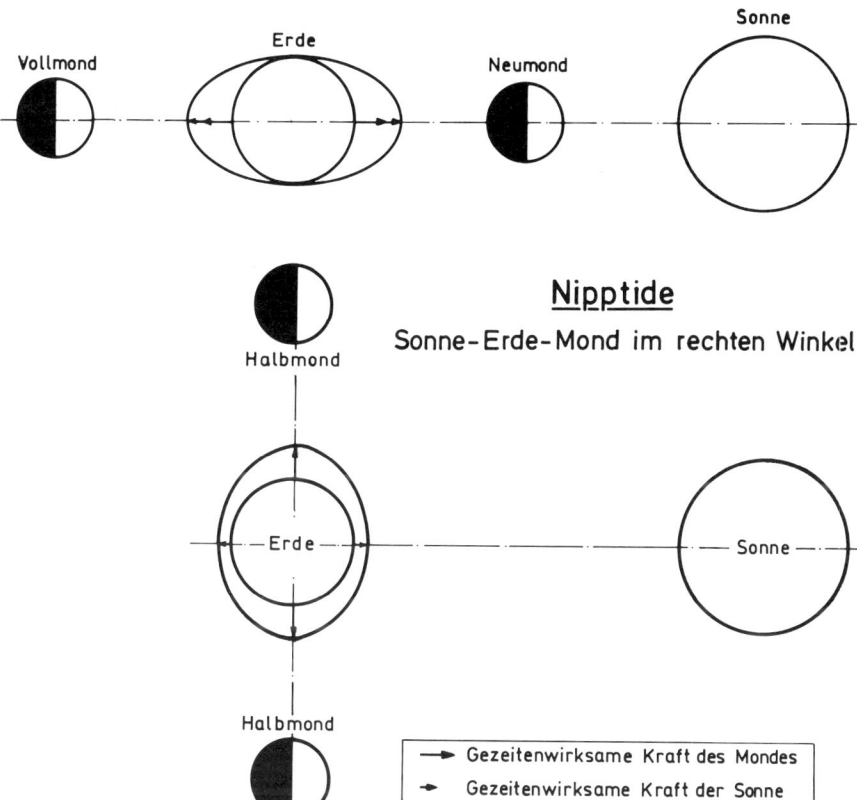

Abb. 2:
Oberes Bild: Sonne, Erde und Mond stehen in einer Reihe bei Vollmond (hier Mond links der Erde) oder Neumond (Mond zwischen Sonne und Erde). Mondgezeit (langer Pfeil) und Sonnengezeit (kurzer Pfeil) addieren sich zur Springflut. Unteres Bild: Sonne, Erde und Mond stehen im rechten Winkel zueinander (Halbmond). Die gezeitenerzeugenden Kräfte stören sich gegenseitig. Das Hochwasser kann nicht so hoch auflaufen, und das Niedrigwasser nicht so tief ablaufen. Zwischen diesen beiden Extremen gibt es je nach Stand von Sonne, Mond und Erde zueinander alle denkbaren Zwischenstadien.

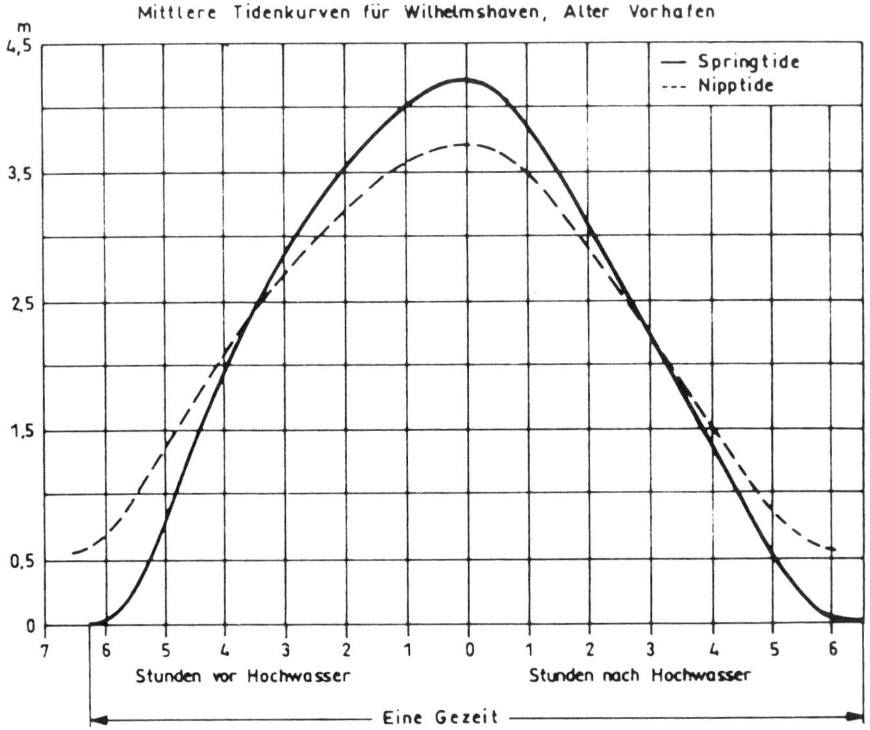

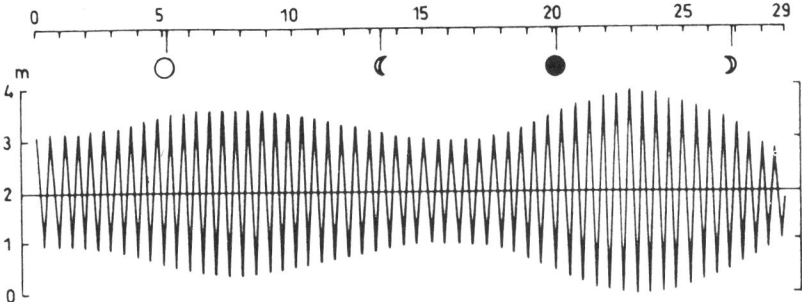

Mittlere Tidenkurven für Wilhelmshaven, Alter Vorhafen
m
4,5
3,5
2,5
1,5
0,5
0
— Springtide
--- Nipptide
7
6
5
4
3
2
1
0
1
2
3
4
5
6
Stunden vor Hochwasser
Stunden nach Hochwasser
Eine Gezeit

Abb. 3:
Die abgebildeten Gezeitenkurven geben das Steigen und Fallen des Wassers während einer Tide wieder (oberes Bild). Die durchgezogene Kurve stellt den Tidenhub bei Springtide dar, die gestrichelte Kurve bei Nipptide. Die untere Kurvenschar zeigt den zeitlichen Ablauf von Spring- und Nipptide.

0
5
10
15
20
25
29
m
4
3
2
1
0

die Springverspätung (Nippverspätung). Die Springverspätung für die Deutsche Bucht beträgt knapp drei Tage. Das bedeutet, daß die Spring-Gezeit erst drei Tage nach Neu- bzw. Vollmond eintritt.

Unregelmäßigkeiten der Gezeiten

Wäre die Erde ein glatter Zylinder, würden die Gezeitenwellen als etwa halbmeterhohe Wellen von Ost nach West um die Erde laufen. Wegen der Kugelgestalt der Erde, der Erdrotation, sowie aufgrund von Hindernissen in Form von Untiefen und Landmassen werden diese Gezeitenwellen in ein kompliziertes System von Wellen und Strömungen umgeformt. Die Gezeiten sind dadurch in den Ozeanen und an ihren Küsten sehr unterschiedlich ausgebildet.

Neben Zonen, in denen, wie zu erwarten, zwei Gezeiten (Abfolge von Ebbe und Flut) täglich auftreten (halbtägige Gezeit), gibt es, besonders in den Tropen, Regionen mit nur einer Gezeit (eintägige Gezeit).

Es gibt Zonen ohne jeden Tidenhub und Regionen, in denen der Gezeitenhub weit über dem zu erwartenden halben Meter liegt. Dazu gehört auch unsere Deutsche Nordseeküste.

Die genannten Störungen, insbesondere die Erdumdrehung führen dazu, daß sich die Gezeitenwellen nicht geradlinig ausbreiten, sondern kreisför-

Abb. 4:
Leknes auf den Lofoten zur Niedrigwasserzeit. Die Küste ist so steil, daß kein Meeresboden zu sehen ist. Die Hochwassermarke ist am besten an der Dunkelfärbung der Steineinfassung der Treppe auf der linken Bildseite zu erkennen.

11

mig um Kreismittelpunkte ohne Gezeitenhub laufen. Man nennt das Amphidromie. So gibt es in den Ozeanen Gebiete mit hohen Gezeitenwellen (Schwingungsbäuche) und solche, in denen nur eine geringe oder gar keine Änderung des Wasserstandes beobachtet wird (Schwingungsknoten).

Im offenen Ozean beträgt der Gezeitenhub auch in den Schwingungsbäuchen meist nur wenig mehr als die genannten 0,5 m. In geeignet geformten Buchten kann der Gezeitenhub durch Resonanz und/oder durch Anstau erheblich höhere Werte erreichen. In St. Malo an der französischen Kanalküste oder in Liverpool beträgt der Gezeitenhub z. B. zwischen 10 und 14 Meter. Den höchsten Gezeitenhub der Erde hat die Fundy Bay an der kanadischen Atlantikküste zwischen der Halbinsel Nova Scotia (Neuschottland) und dem Festland. Dort beträgt die Wasserstandsschwankung bei Nipptide 14 Meter und bei Springtide sogar 21 m. Auch die Nordsee ist in diesem Sinne eine Bucht.

Abb. 5:
Niedrigwasser am Helgolandkai in Wilhelmshaven. Helgolandpassagiere können das Seebäderschiff Wilhelmshaven bequem über das oberste Deck betreten.

Gezeiten in Nord- und Ostsee

Neben- und Randmeere wie die Nordsee oder die Ostsee besitzen keine nennenswerten eigenen Gezeiten. Kommen hier größere Gezeiten vor, dann werden sie von außen angeregt. Man nennt so etwas Mitschwingungsgezeit.

Die Nordsee hat mit dem Ärmelkanal einen ziemlich schmalen und im Norden einen sehr weiten Zugang zum Atlantik. Vor beiden Zugängen liegen solche vorgenannten Schwingungsbäuche, d.h. Regionen mit großem Gezeitenhub. Somit werden die Gezeiten der Nordsee von beiden Atlantikzugängen aus kräftig angeregt.

Im Gegensatz dazu sind die Zugänge zur Ostsee flach und schmal. Zudem weist die Nordsee vor den Ostseezugängen (Skagerrak) nur schwache Gezeiten auf (Abb. 8). Daher können sich in der Ostsee keine Mitschwingungsgezeiten aufbauen. Der Gezeitenhub in der Ostsee liegt noch unterhalb von 20 Zentimetern.

Abb. 6:
Bei Hochwasser ist der Zugang zur Wilhelmshaven steil, sofern man nicht über ein tieferes Deck ein- oder aussteigen kann.

13

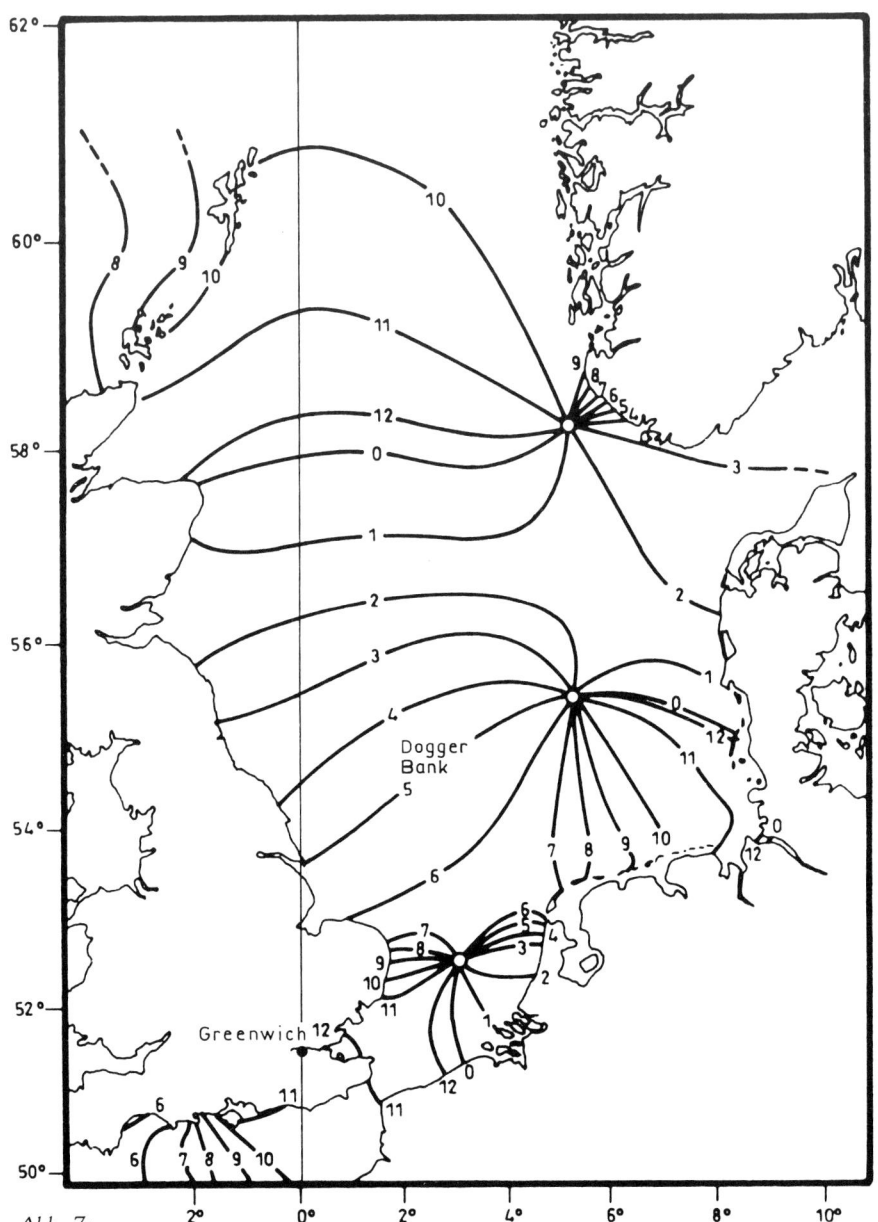

Abb. 7:
Zeitverschiebung des Hochwassereintritts bezogen auf den Durchgang des Mondes durch den Nullmeridian (Greenwich) in Stunden. Dargestellt ist der Zeitpunkt, an dem der Mond gerade den Nullmeridian passiert. Die Zahlen 0—12 zeigen an, um wie viele Stunden nach diesem Zeitpunkt die Hochwasserwelle an welchem Ort der Nordsee erscheint.

14

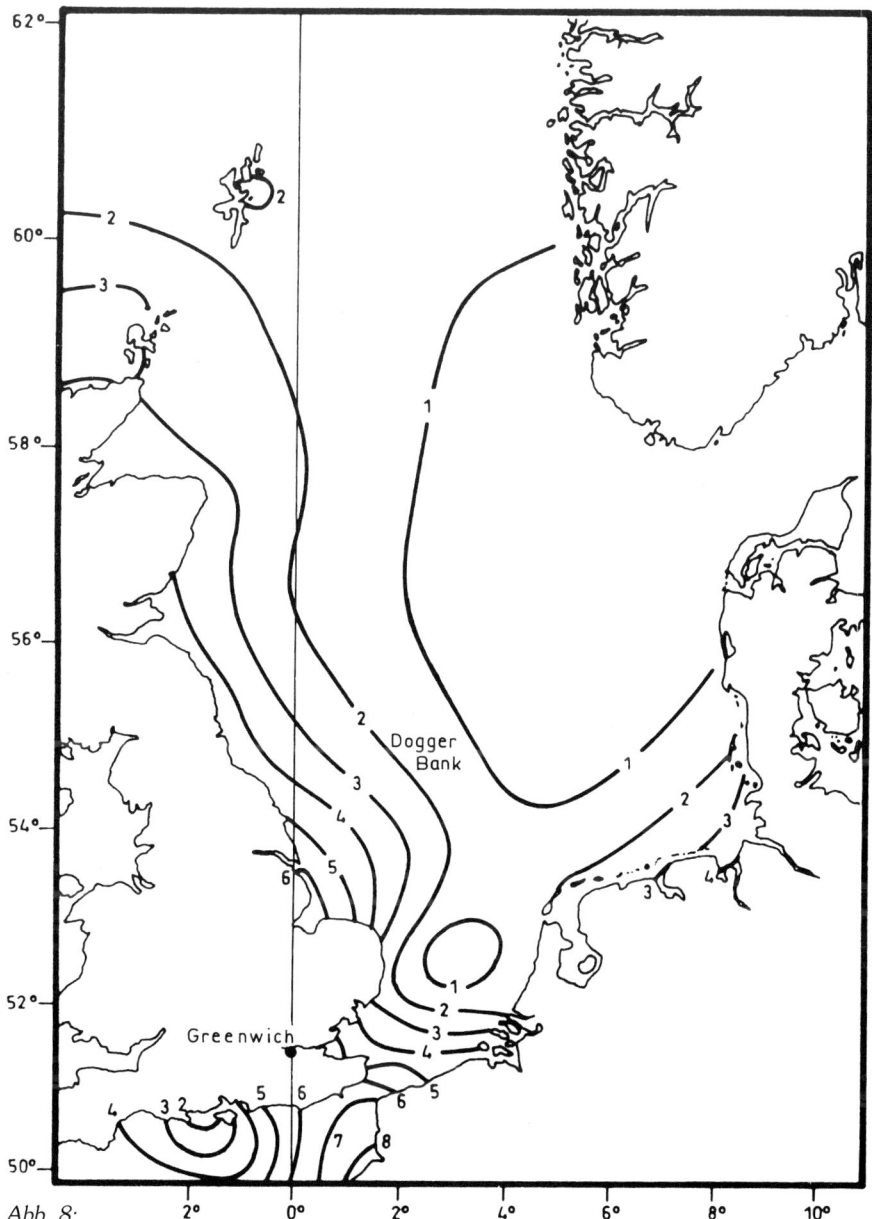

Abb. 8:
Linien gleichen mittleren Springtidenhubes in Metern. Gut zu erkennen ist, daß in der Nähe der Schwingungsknoten oder „Kreismittelpunkte" der Amphidromien (Abb. 7) der Tidenhub sehr gering ist. Man kann ebenso erkennen, daß das Wasser in Buchten besonders hoch aufläuft.

15

Windbedingte Wasserstandsänderungen können in der Ostsee aber ähnlich stark wirksam werden wie in der Nordsee. Windbedingter Wasseranstau von 1,5 bis 2 m kommt bei Oststurm an der schleswig-holsteinischen Ostseeküste öfter vor. Im Januar 1871 rief ein Oststurm in Flensburg sogar eine Sturmflut von dreieinhalb Metern Höhe hervor.

Die Gezeitenwelle in der Nordsee läuft entgegen dem Uhrzeigersinn an der schottischen, englischen niederländischen, deutschen, dänischen und norwegischen Küste entlang, bis sie wieder ihren Ausgangspunkt erreicht. Sie spaltet sich sogar in der kleinen Nordsee bereits wieder in drei sogenannte Amphidromien, also Kreiswellen auf (Abb. 7, S. 14).

Die Hauptgezeitenwelle läuft um einen Mittelpunkt nahezu ohne Gezeitenhub östlich der Doggerbank entlang der englischen Küste nach Süden über den östlichen Kanalausgang zur Deutschen Bucht (unsere Küste) und weiter nach Norden, später nach Nordwesten. Sie erreicht ihre größte Höhe in den Mündungen von Themse und Humber im Süden der englischen Ostküste, sowie in der Deutschen Bucht. Daneben gibt es zwei kleinere Kreiswellen mit Mittelpunkten im westlichen Skagerrak und vor dem Kanalausgang. Die um die Amphidromie vor dem Kanalausgang

Abb. 9:
Niedrigwasser im Watt zwischen Schillig und Minsener Oog. Eine Kabeltonne liegt auf dem Meeresboden und die Pricken ragen etwa 4 Meter in die Höhe.

16

drehende Kreiswelle trifft sich an der engsten Stelle des Kanals bei Dover zeitgleich mit der wegen der Enge des Kanals ohnehin schon angestauten Gezeitenwelle aus dem Atlantik (Abb. 7). Dadurch wirkt der Kanal auch für die Nordsee wie eine Bucht mit Gezeitenhub bis zu 6 m Höhe (Abb. 8).

Der Gezeitenhub, also der Unterschied zwischen Hoch- und Niedrigwasser beträgt im Bereich der Deutschen Bucht:

vor der holländischen Küste	1,5—2,0 m
bei Helgoland	2,5—3,0 m
an der ostfriesischen Küste	3,0—3,5 m (Abb. 9 u. 10)
in Buchten wie der Jade bei W'haven	3,5—4,5 m (Abb. 5 u. 6)
vor Sylt	2,0—3,0 m
bei der Halbinsel Skallinge	1,5 m
bei Skagen an der Nordspitze Dänemarks	0,5 m

Wer sich die Tabelle der Gezeitenhöhe aufmerksam anschaut, kann feststellen, daß die westliche und nördliche Grenze des Wattenmeeres mit dem Gezeitenhub 1,5 m zusammenfallen. Tatsächlich besteht für die Entstehung des Wattenmeeres ein Zusammenhang zwischen der Neigung

Abb. 10:
Die gleiche Stelle bei Hochwasser. Die Tonnen erfüllen ihre Funktion als Markierungen. Von den ca. 4 m hohen Pricken sind nur noch die Köpfe zu sehen.

Abb. 11:
Der Hafen von Husum bei Niedrigwasser. Die dort beheimateten Schiffe und Boote liegen zum größten Teil im Schlick. Vom Wasser ist nur noch ein kleines Rinnsal in der Hafen- mitte übriggeblieben.

des Meeresbodens und dem Gezeitenhub. Bei unseren Meeresbodenver- hältnissen muß er zwischen knapp 1,5 m und 5—6 m liegen.

Watt, d. h. Meeresboden, der bei Ebbe trockenfällt und bei Flut wieder überflutet wird, gibt es an allen Stellen der Welt mit flach ansteigendem Meeresboden. Für das Zustandekommen eines Wattenmeeres, wie dem in der Deutschen Bucht mit seinen vorgelagerten Sandbänken müssen aber ganz bestimmte Beziehungen bestehen zwischen Bodenneigung, Untergrund und Gezeitenhub mit den damit verbundenen Strömungen.

Das Wattenmeer zwischen Holland und Dänemark als Produkt der Gezei- ten mit der ost- und westfriesischen Inselkette, sowie den dem nordfriesi- schen Wattenmeer vorgelagerten Sandbänken ist weltweit eine einmalige Landschaft. Das ist auch einer der Gründe, weswegen man es zum Natio- nalpark erklärt hat.

Obwohl für das ost- und nordfriesische Wattenmeer die gleichen hydro- dynamischen Grundbedingungen gelten, sind das ostfriesische und das nordfriesische Watt geologisch unterschiedlich aufgebaut.

18

Die ost- und westfriesischen Inseln sind Sandbänke an der Niedrigwasser-
linie, die sich im Lauf der Jahrtausende zu bewachsenen und bewohnbaren Inseln entwickeln konnten. Ihr Bestand und ihre Lage ist abhängig
von der Größe der Baljen oder Seegatten, d. h. den Wasserdurchlässen
zwischen den Inseln.

Die Nordfriesischen Inseln hingegen sind Überbleibsel versinkenden Lan-
des. Die dort vorgelagerten Sandbänke konnten sich wegen der geringen
verbleibenden Wattflächen nicht zu großen, bewohnbaren Inseln entwickeln.

Abb. 12:
Der Hafen von Husum bei Hochwasser. Bei einem mittleren Tidenhub von 3,5 m kann
dieser Hafen jetzt auch von großen Schiffen angelaufen werden.

Gezeitenstrom

So regelmäßig, wie das Wasser steigt (Flut) und fällt (Ebbe), strömt es vor unserer Küste nach Ost und West (Ostfriesland), bzw. Nord und Süd vor Nordfriesland sowie in die Buchten herein und wieder hinaus.

Der Flutstrom setzt vor unserer Küste nach Osten bzw. Norden und erreicht dabei Geschwindigkeiten von 2—3 kn bzw. sm/h. Das sind 4—6 Stundenkilometer. An Engstellen, wie dem Fahrwasser vor Wangerooge oder um Minsener Oog am Jadeausgang oder in der Elbmündung vor Cuxhaven kann der Strom 4—5 kn (8—10 km/h) erreichen. (Abb. 13)

Bei ablaufend Wasser (Ebbe) läuft der Strom auf ähnlichem Wege mit annähernd gleicher Geschwindigkeit wieder zurück. Nach einer Gezeitenperiode (einem Durchgang von Ebbe und Flut) befindet sich das Wasser wieder nahezu am Ausgangsort. Trotz teilweise hoher Geschwindigkeiten der Gezeitenströme ist der tatsächliche Wassertransport durch die Gezeiten sehr gering.

Abb. 13:
Der Gezeitenstrom kann so stark laufen, daß Tonnen eine erkennbare ,,Bugwelle" haben oder kleinere Tonnen sogar unter Wasser gedrückt werden können (unterschneiden).

Abb. 14:
Eisschollen auf dem Meeresboden - auch eine Gezeitenerscheinung. Auf der offenen
Nordsee kann sich kein Eis bilden. In unseren Breiten sind die Winter nie lange genug kalt
für eine Eisbildung auf der stark salzhaltigen Nordsee, im Gegensatz zur Ostsee, die in die-
ser Hinsicht wie ein Süßwassersee wirkt. Im Watt aber kühlt bei Frost der trockengefallene
Wattboden so stark aus, daß das mit der Flut kommende Wasser gefriert. Das gebildete
Eis treibt mit der Ebbe auf See und mit der Flut auf das inzwischen erneut ausgekühlte
Watt. Hier frieren von unten neue Eisschichten an die Schollen, und es können sich meter-
dicke Eisblöcke bilden.

Die Geschwindigkeit des Gezeitenstromes hängt natürlich auch von der
Menge des transportierten Wassers ab. Diese richtet sich auch nach dem
Gezeitenhub, dem Höhenunterschied zwischen Hoch- und Niedrigwas-
ser. Dieser ist bei Springtide am größten und bei Nipptide am geringsten.
Dementsprechend sind die Gezeitenströme bei Springzeit stärker als zur
Nippzeit.

Der Gezeitenhub in Wilhelmshaven z. B.: beträgt bei:
Springtide 3,9—4,7 m
Nipptide   2,5—3,2 m (s. a. Abb. 3, S. 10)

21

Windbedingte Wasserstandsänderungen

Der Wasserstand an unserer Küste wird außer von den Gezeiten, die man langfristig vorausberechnen kann, nicht unwesentlich durch den Wind beeinflußt.

Ablandiger Wind (Ost- und besonders Südostwind) treibt das Wasser aus der Deutschen Bucht hinaus und erniedrigt den Wasserstand im Ganzen. Auflandiger Wind (West- und ganz besonders Nordwestwind) drückt das Wasser in die Deutsche Bucht herein und erhöht den Wasserstand. Für Wattwanderungen z.B. sind daher Ostwindlagen generell besser geeignet als Westwindlagen.

Je stärker und anhaltender der jeweilige Wind weht, desto stärker sind auch seine Auswirkungen. Langanhaltender Ostwind kann zu Problemen

Abb. 15:
Wandern, wo sonst Schiffe fahren. Ebbe und Flut machen es möglich. Gezeitenhub und Geländeformation geben in regelmäßigen Abständen den Meersboden mit einer Vielzahl unterschiedlicher Bodenformationen und Lebensformen frei. Wanderungen auf dem Meeresboden sollten nur unter der Führung eines kundigen Wattführers vorgenommen werden. Nur er kennt das Watt, er weiß, wo Interessantes zu finden ist, und - das Watt ist lebensgefährlich! Der Führer weiß, wann das Wasser auf welchen Wegen wiederkommt, er kennt den Weg zurück.

für Schiffe mit großem Tiefgang führen, die u. U. wegen zu geringen Wasserständen bestimmte Fahrwasser nicht benutzen können, z.B. für einen Supertanker wie die „ARGO ATHENA", den linken Tanker an der in Abb. 16 dargestellten Pier der Nord-West-Ölleitung. Dieser Tanker hat voll beladen 20 m Tiefgang und könnte bei anhaltender Südostlage gezwungen sein, günstigere Tidebedingungen abzuwarten.

Abb. 16:
Ölpier der Nord-West-Ölleitung in Wilhelmshaven mit zwei fast völlig entladenen Großtankern. Klein wirkt dagegen das 76 Meter lange Bäderschiff „Wilhelmshaven", das die Brücke gerade passiert. Diese Tanker müssen voll beladen wegen ihres Tiefganges z.T. das Hochwasser nutzen um gefahrlos ihren Liegeplatz zu erreichen. Extreme Ostwindlagen können hier schon einmal zu Problemen führen. Die NWO hat seit ihrer Gründung 1958 13.000 Tanker mit etwa 600 Millionen Tonnen Mineralöl abgefertigt. Dieses Öl wird durch Pipelines bislang nach Hamburg und Köln-Wesseling an derzeit insgesamt 5 Raffinerien weitergeleitet. Außerdem sind über den Ölhafen die für die Krisenvorräte angelegten Kavernen in Wilhelmshaven, Etzel und Epe angeschlossen.

Starker Sturm aus Nordwest wiederum, am Ende gar verbunden mit ohnehin schon höher auflaufender Springtide kann dagegen verheerende Sturmfluten hervorrufen. Diesen Sturmfluten kann man nur durch wirksamen Sturmflutschutz, d.h. insbesondere durch intakte und gut erhaltene Deiche begegnen. Der letzte nennenswerte Deichbruch im Jeverland geschah nicht weit von Schillig gegenüber der Insel Wangerooge während der sogenannten Hamburgflut am 16. Februar 1962. Die Sturmflut lief damals in Hamburg bis etwa 4,5 Meter über das mittlere Hochwasser auf.

Abb. 17:
Deichbruch bei Javenloch an der Nordküste des Wangerlandes während der sogenannten „Hamburgflut" am 16./17. Februar 1962. Der Name Hamburgflut kommt daher, daß bei dieser Flut wegen überfluteter Deiche ein großer Teil des Hamburger Stadtteils Wilhelmsburg unter Wasser stand. Um die Folgen von Deichbrüchen in Grenzen zu halten, unterhält man heute an den exponierten Stellen der Nordseeküste noch eine zweite Deichlinie, meist einen im Rahmen einer Neueindeichung eigentlich überflüssig gewordenen alten Deich.

Erklärung der gezeitenerzeugenden Kräfte

Die Gezeiten entstehen aus dem Wechselspiel zwischen Anziehungskräften und Fliehkräften, die dadurch entstehen, daß sich Erde und Mond, aber auch Sonne und Erde um einen gemeinsamen Schwerpunkt drehen. Die Umdrehung der Erde um die eigene Achse trägt zur Gezeitenentstehung nichts bei, sie bewirkt lediglich die tägliche Zeitverschiebung von Ebbe und Flut.

Wer die Gezeiten aufmerksam beobachtet, wird bemerken, daß ihre tägliche Zeitverschiebung sich deckt mit der täglichen Verzögerung des Mondumlaufes. Wer besonders eingehend beobachtet, kann außerdem feststellen, daß die Unterschiede in der Gezeitenhöhe, d.h. Spring- und Nipptide mit der Stellung von Sonne und Mond zueinander zusammenhängen.

Betrachten wir zunächst einmal nur die beiden Himmelskörper Erde und Mond mit ihrer Auswirkung auf Ebbe und Flut: Der Flutberg auf der dem Mond zugewandten Seite der Erde ist leicht erklärbar. Er wird durch die Anziehungskraft des Mondes hervorgerufen. Sein höchster Punkt findet sich im Zenit, d. h. dort, wo der Mond genau über der Erdoberfläche steht. Für die Erklärung des zweiten Flutberges auf der dem Mond abgewandten Seite, im Nadir, muß man sich näher mit den Kräften und Bewegungen befassen, die auftreten, wenn Erde und Mond umeinander kreisen: Erde und Mond sind Gestirne, die frei im Weltraum schweben und nach bestimmten Gesetzen umeinander rotieren. Für diese Rotation (Drehung) gelten die gleichen Naturgesetze wie für alle anderen Körper, die sich umeinander drehen.

Von der Erde aus sehen wir, daß der Mond um die Erde wandert. Vom Weltraum aus betrachtet könnte man erkennen, daß nicht nur der Mond sich um die Erde dreht, sondern, daß auch die Erde eine, wenn auch viel kleinere Drehbewegung ausführt.

Die Erklärung dafür ist, daß sich beide Himmelskörper um einen gemeinsamen Schwerpunkt drehen, der irgendwo zwischen Erde und Mond liegt. Wäre das nicht der Fall, gäbe es eine Unwucht; das System würde „eiern“.

Mond und Erde haben beide eine erhebliche Masse (Gewicht). Da die Masse (das Gewicht) des Mondes sehr viel geringer ist als die der Erde,

Umlauf von Erde und Mond
um ihre gemeinsame Drehachse (Schwerpunkt)

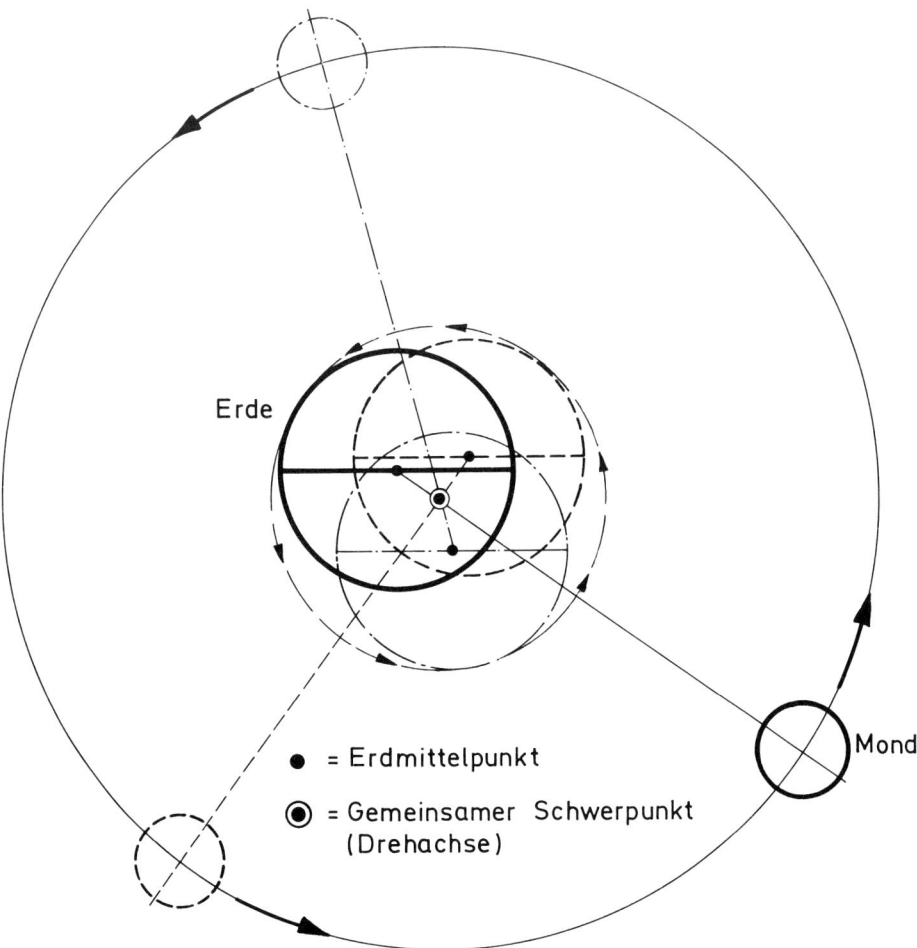

Abb. 18:

Erde und Mond drehen sich um einen gemeinsamen Schwerpunkt (Drehachse), der etwa in der Mitte zwischen Erdmittelpunkt und Erdoberfläche liegt. Die Erde selbst dreht sich dabei nicht. Die immer gleichbleibende waagerechte Linie in der Erde ist nicht der Äquator, sie könnte eher einen Meridian (Längenkreis) darstellen. Sie soll verdeutlichen, daß die Erde ihre Lage trotz der Kreisbahn, die sie beschreibt, immer beibehält. Die Drehung der Erde um ihre eigene Achse hat mit den Rotationssystemen Erde-Mond und Sonne-Erde nichts zu tun.

liegt dieser gemeinsame Schwerpunkt noch innerhalb der Erde und zwar etwa in der Mitte zwischen Erdmittelpunkt und Erdoberfläche auf der dem Mond zugewandten Seite.

Erde und Mond drehen sich um diesen gemeinsamen Schwerpunkt, ohne daß die Erde sich dabei selber dreht. In der Wissenschaft nennt man das Translation ohne Rotation. (Abb. 18)

Die Umdrehung der Erde um ihre eigene Achse ist ein eigenes Phänomen und hat mit der Drehung der Gestirne umeinander nichts zu tun. Das soll hier noch einmal ausdrücklich betont werden.

Zusammengehalten werden diese beiden Himmelskörper durch die Anziehungskraft; und wie bei jeder Drehbewegung entstehen durch die Drehung Fliehkräfte, die von der Drehachse weg gerichtet sind.

Man kann diese Drehbewegung mit einem Spiel modellhaft nachvollziehen, indem man einen leichten Ball an einem Gummiband um das

Abb. 19:
Auf Ebbe und Flut eingerichtet ist das Leben des Seehundes. Für eine Reihe lebenswichtiger Funktionen muß er immer wieder trockenfallende Sandbänke aufsuchen. Das Bild entstand während der Ebbzeit (ablaufendes Wasser), erkennbar an dem Streifen feuchten Sandes an der vorderen Kante der Sandbank. Wenn das Wasser kommt, ist der Sand in der Regel abgetrocknet, und das Wasser schiebt einen schmalen Schaumstreifen vor sich her. (Abb. 20)

Abb. 20:
Auflaufendes Wasser. Deutlich ist der Schaumstreifen zu erkennen, den die Flut vor sich her schiebt. Auch im äußersten Nordosten Europas (Nordnorwegen, Varangerfjord) beträgt der Tidenhub wie in unserem Wattenmeer zwischen 3 und 4 Meter.

Handgelenk kreisen läßt. Das Handgelenk ist dabei die Erde, und der Ball stellt den Mond dar. Der Mond kehrt der Erde genau wie der Ball dem Handgelenk immer die gleiche Seite zu, und die Erde dreht sich genau wie das Handgelenk um den gemeinsamen Schwerpunkt, aber dreht sich nicht selbst. Das Gummiband symbolisiert die Anziehungskraft. Die Fliehkraft entsteht durch die Kreisbewegung. Sie hält den Ball auf Distanz. Ist sie wegen zu schneller Drehung zu stark, reißt das Band (Anziehungskraft). Der Ball fliegt weg. Ist sie zu schwach, würde das Band (Anziehungskraft) den Ball an das Handgelenk heranziehen.

Zwischen Mond und Erde besteht also eine Anziehungskraft, die die beiden Himmelskörper zusammenhält, und durch die Drehung entsteht die Fliehkraft, die vom Mond weg gerichtet ist, und zwar an jedem Punkt der Erde gleich stark; auch auf der dem Mond zugewandten Seite der gemeinsamen Drehachse.

Würde sich die Erde mitdrehen und, z.B. wie der Mond der Erde, dem Mond immer die gleiche Seite zukehren, dann wäre die Fliehkraft auf der Mondseite der Drehachse zum Mond gerichtet und nur auf der mondabgewandten Seite der Achse vom Mond weg. So aber, da die Erde sich

28

nicht mitdreht, ist die Fliehkraft an jedem Punkt der Erde gleich stark vom Mond weg gerichtet.

Die Anziehungskraft dagegen wirkt in Richtung Mond und nimmt mit zunehmender Entfernung vom Mond ab. Im Erdmittelpunkt heben sich die beiden Kräfte auf.

Auf der dem Mond zugewandten Seite der Erde überwiegt die Anziehungskraft des Mondes alle anderen Kräfte, auf der mondfernen Seite die Fliehkraft. Diese beiden Kräfte, die Anziehungskraft des Mondes und die auf der gegenüberliegenden Seite wirksame Fliehkraft erzeugen Wasseraufwölbungen, die Flutberge. (siehe Abb. 1 auf Seite 7)

Erde und Mond drehen sich innerhalb von 27,3 Tagen (einem siderischen Monat) einmal um diesen gemeinsamen Schwerpunkt. Würde sich die Erde nicht um die eigene Achse drehen, würde der Mond von der Erde aus gesehen in 27,5 Tagen einmal um die Erde wandern. Wegen der Erdrotation ergibt sich aber eine scheinbare Umlaufzeit von 24 Stunden und 50 Minuten. Das System Sonne-Erde wirkt nach dem gleichen Prinzip. Da die Erde gegenüber der Sonne geradezu verschwindend klein ist, liegt der Schwerpunkt dieses Systems in der Sonne. Die Anziehungs- und Fliehkräfte aber wirken nach dem gleichen Muster. Wegen der großen Entfernung Sonne-Erde sind die Auswirkungen auf die Gezeiten allerdings nur knapp halb so groß wie die des Systems Erde-Mond.

Die Umlaufgeschwindigkeit der Erde um die Sonne beträgt 365 Tage, also ein Jahr. Ganz exakt beträgt der Erdumlauf um die Sonne 365 Tage, 5 Stunden und ca. 48 Minuten. Die sich daraus ergebenden Verschiebungen werden durch die Schaltjahresregelungen ausgeglichen.

Der Mond dreht sich, wie bereits erwähnt, in 27,3 Tagen einmal um die Erde. Die Erde dreht sich in 365 Tagen einmal um die Sonne. Der Drehsinn ist in beiden Fällen der gleiche, d.h. der Mond läuft in der gleichen Richtung um die Erde wie die Erde um die Sonne, nämlich, bezogen auf Erdsicht, von West nach Ost. Dadurch haben Sonne, Erde und Mond alle ca. 29,5 Tage (einem synodischen Monat) die gleiche Stellung zueinander. Die Wanderung der Gestirne von Ost nach West ist eine Folge der Erdumdrehung, die ebenfalls von West nach Ost verläuft, an dieser Stelle der Beschreibung aber noch keine Erwähnung findet.

Die Erklärung für die Zeitverschiebung von 27,3 zu 29,5 Tagen findet sich in der Wanderung der Erde um die Sonne. Der Drehsinn ist in beiden Fäl-

Anzahl Tage des Mondumlaufes
bis zur gleichen Stellung zur Sonne

(Beispiel Neumond)
Mond zwischen Sonne und Erde

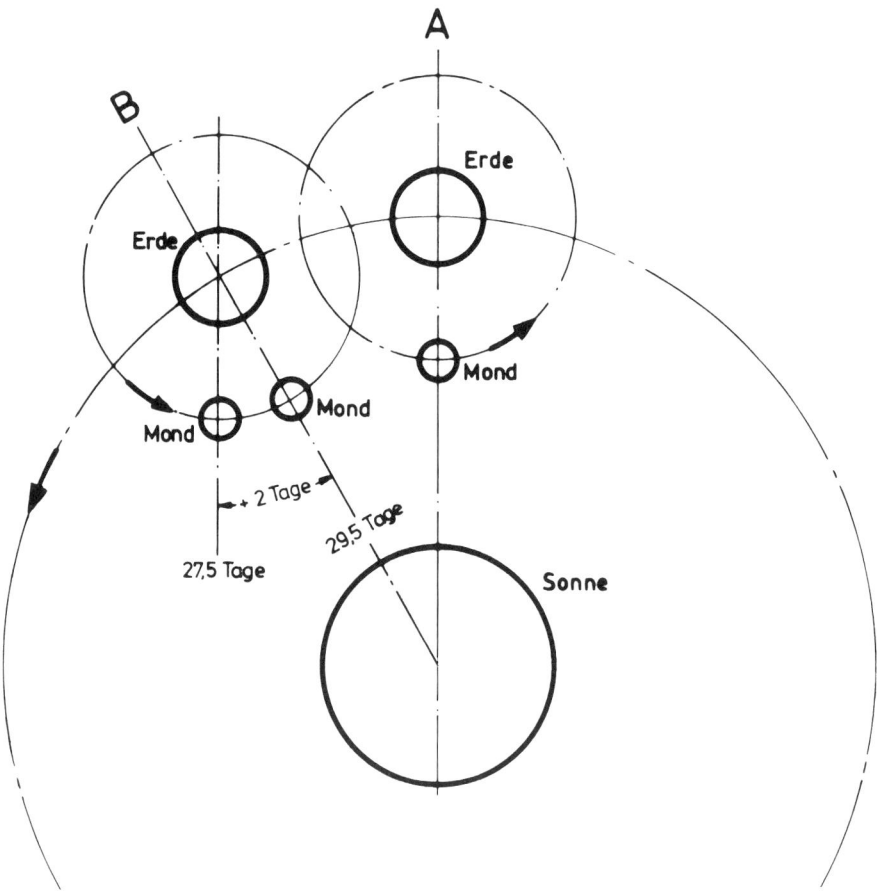

Abb. 21:
Dieses Bild zeigt auf, wieso bei einem Mondumlauf um die Erde in 27,3 Tagen die Zeit bis zur jeweils gleichen Mondphase 29,5 Tage beträgt. In der Position A befanden sich Sonne, Mond und Erde in einer Linie (hier: Neumond). Nach einem Mondumlauf um die Erde befindet sich die Erde in der Position B zur Sonne. Um wieder genau zwischen Sonne und Erde (gleiche Mondphase) zu stehen, muß der Mond um den Winkel, um den sich die Erde aus ihrer ursprünglichen Position entfernt hat, weiterdrehen. Das dauert noch einmal gut 2 Tage.

30

len der gleiche. Wenn der Mond nach 27,3 Tagen die Erde einmal umrundet hat und sich wieder an der gleichen Stelle befindet, hat die Erde inzwischen ein knappes Zwölftel ihres Umlaufes um die Sonne hinter sich gebracht. Das bedeutet, daß die Erde um ein knappes Zwölftel, d.h. knapp 30 Grad aus ihrer ursprünglichen Richtung zur Sonne herausgewandert ist. Dieses knappe Zwölftel muß der Mond zusätzlich wandern, um wieder genau zwischen Sonne und Erde zu stehen (Abb. 21).

Das bedeutet also alle ca. 29,5 Tage Neumond und um die Hälfte dieser Periode verschoben Vollmond. In den jeweils dazwischenliegenden „Halbzeiten" haben wir Halbmond mit den vorne beschriebenen Auswirkungen auf die Gezeitenhöhe.

Jetzt kommt die Erdumdrehung ins Spiel:
Die Erde dreht sich — ebenfalls von West nach Ost — um ihre eigene Achse. Dadurch sieht es von der Erde aus gesehen so aus, als ob Sonne und Mond — wie auch alle anderen Gestirne, die aber in diesem Zusammenhang ohne Bedeutung sind — von Ost nach West um die Erde wandern.

Abb. 22:
Ein „Wrack an Land" gibt es nur in Tidegewässern. Das Wrack des Muschelbaggers Capella liegt vor der Ostspitze Norderney's. Der Muschelbagger ist bei dem Versuch einen Kutter freizuschleppen selbst auf Grund geraten und in einer Tide so weit versandet, daß er nicht mehr geborgen werden konnte. Muschelbagger fangen nicht etwa Muscheln, sondern baggern Muschelschalen zur Herstellung von Muschelkalk.

Die Erde dreht sich so schnell, daß sie alle 24 Stunden die gleiche Stellung zur Sonne einnimmt (Sonnentag). Da der Mond sich in gleicher Richtung um die Erde dreht, braucht die Erde etwas länger, nämlich etwa 50 Minuten, um auch ihm gegenüber wieder die gleiche Stellung einzunehmen (Mondtag = 24 Stunden, 50 Minuten).

So kommt es, daß die Mondgezeit mit der scheinbaren Umlaufgeschwindigkeit des Mondes in ca. 24 Stunden und 50 Minuten, und die knapp halb so große Sonnengezeit mit der scheinbaren Umlaufgeschwindigkeit der Sonne in 24 Stunden um die Erde laufen. Daher haben wir zweimal täglich Ebbe und Flut, und deswegen wechseln sich in etwa zweiwöchigem Abstand Springtide und Nipptide einander ab.

Anmerkung: Sonne, Erde und Mond bewegen sich nicht, wie in Abb. 21 idealisiert dargestellt, auf Kreisbahnen, sondern auf Ellipsen. Außerdem beeinflussen sich die Anziehungskräfte der drei Gestirne gegenseitig. Das führt zu Schwankungen beim Umlauf des Mondes um die Erde. Der Mondtag kann daher zwischen 24 und 26 Stunden dauern. Der langjährige Mittelwert ist 24 Stunden und 50 Minuten.

Abb. 23:
Abendstimmung im Watt.

Die Gezeitentafel

Gezeiten kann man für nahezu jeden Punkt der Erde nach Höhe und Eintreffzeit vorausberechnen. Für alle interessierenden Punkte der Erde, das sind im wesentlichen Häfen und ihre Zufahrten, sowie einige Küstenstationen, werden Wasserstand und Eintreffzeiten von Hoch- und Niedrigwasser vorausberechnet und der Seefahrt jeweils für ein Jahr in den Gezeitentafeln bekanntgegeben (Abb. 24 a). Diese Gezeitentafeln sind sehr umfangreich, daher gibt man für den Küstenbewohner vereinfachte Tafeln, bzw. Hefte heraus, die lediglich die Hoch- und Niedrigwasserzeiten enthalten. (Abb. 24 b) Hoch- und Niedrigwasser treffen an den einzelnen Küstenorten zu unterschiedlichen Zeiten ein, die Zeitunterschiede zwischen den einzelnen Orten sind jedoch immer gleich. Daher gibt man die kompletten Hoch- und Niedrigwasserangaben nur für einige Hauptorte aus und gibt die Zeitunterschiede für die sogenannten Anschlußorte in einer gesonderten Tabelle im Anschluß an den jeweiligen Hauptort an. (Abb. 24 c)

In einem Anhang werden noch die mittleren Hochwasserstände gegenüber Normalnull (NN) und Kartennull (KN) angegeben (Abb. 24 d). Zusammen mit den Wasserstandsinformationen des Rundfunks kann man sich dann auch ein Bild über den jeweils tatsächlichen Hochwasserstand machen.

Wie liest man eine Gezeitentafel oder eine Hoch- und Niedrigwassertafel? Beispiel: 01. Juli 1997:

1. Hauptort Wilhelmshaven (Abb. 24 b):

   Die Zeiten werden direkt aus der Tabelle abgelesen:
   Hochwasser: 10.47 Uhr und 23.19 Uhr
   Niedrigwasser: 04.22 Uhr und 16.50 Uhr

2. Anschlußort Schillig

   Aus der Tafel der Zeitunterschiede gegenüber Wilhelmshaven ist zu entnehmen (Abb. 24 c):
   Hochwasser: – 0 Stunden, 26 Minuten
   Niedrigwasser: – 0 Stunden, 9 Minuten
   d. h., das Hochwasser tritt 26 Minuten und das Niedrigwasser 9 Minuten früher als in Wilhelmshaven ein:
   Hochwasser: 10.21 Uhr und 22.53 Uhr
   Niedrigwasser: 04.13 Uhr und 16.41 Uhr

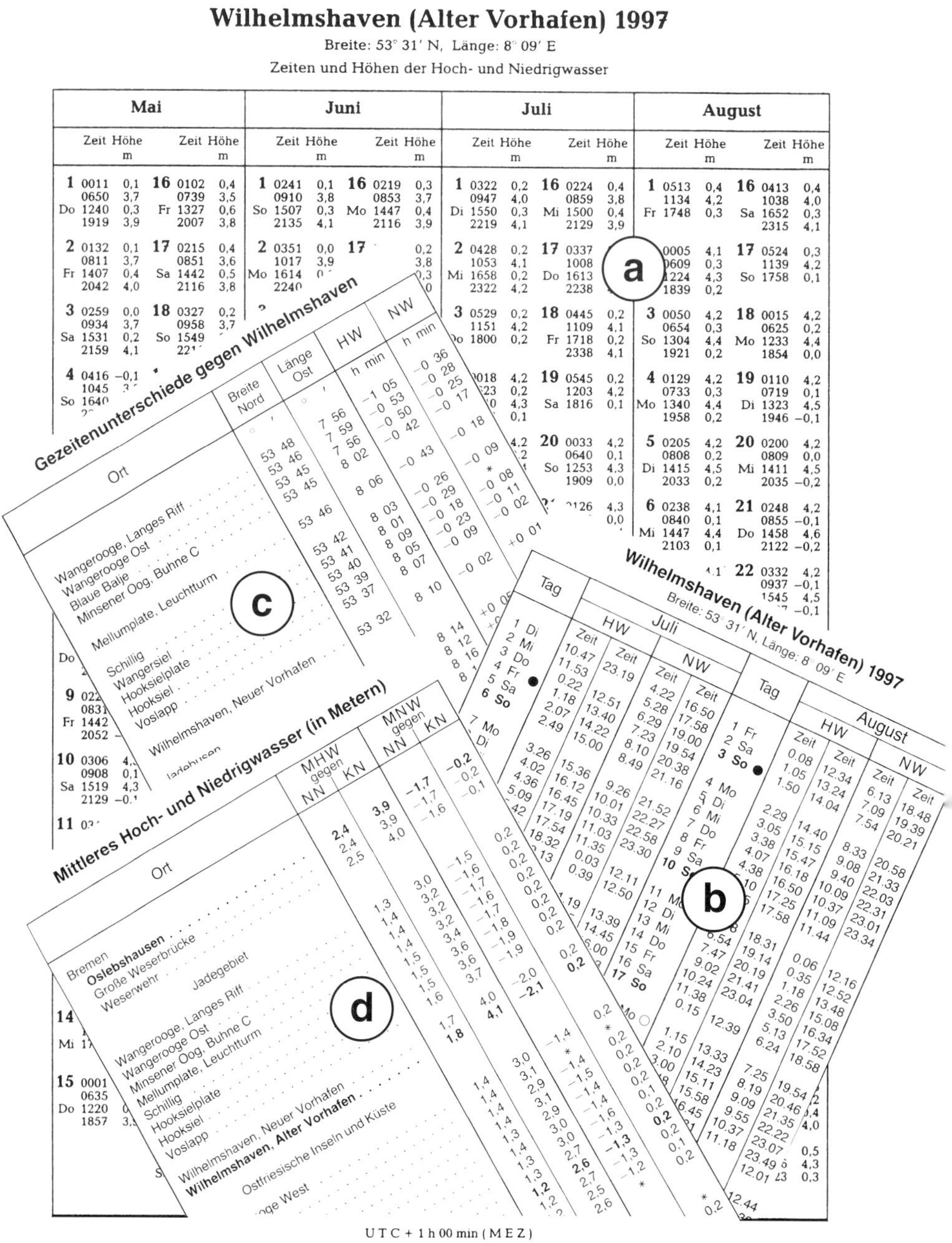

Wilhelmshaven (Alter Vorhafen) 1997

Breite: 53° 31′ N, Länge: 8° 09′ E

Zeiten und Höhen der Hoch- und Niedrigwasser

Mai				Juni				Juli				August			
Zeit	Höhe m	Zeit	Höhe m	Zeit	Höhe m	Zeit	Höhe m	Zeit	Höhe m	Zeit	Höhe m	Zeit	Höhe m	Zeit	Höhe m
1 0011	0,1	**16** 0102	0,4	**1** 0241	0,1	**16** 0219	0,3	**1** 0322	0,2	**16** 0224	0,4	**1** 0513	0,4	**16** 0413	0,4
0650	3,7	0739	3,5	0910	3,8	0853	3,7	0947	4,0	0859	3,8	1134	4,2	1038	4,0
Do 1240	0,3	Fr 1327	0,6	So 1507	0,3	Mo 1447	0,4	Di 1550	0,3	Mi 1500	0,4	Fr 1748	0,3	Sa 1652	0,3
1919	3,9	2007	3,8	2135	4,1	2116	3,9	2219	4,1	2129	3,9			2315	4,1
2 0132	0,1	**17** 0215	0,4	**2** 0351	0,0	**17**	0,2	**2** 0428	0,2	**17** 0337	0,2	0005	4,1	**17** 0524	0,3
0811	3,7	0851	3,6	1017	3,9		3,8	1053	4,1	1008		0609	0,3	1139	4,2
Fr 1407	0,4	Sa 1442	0,5	Mo 1614	0,		0,3	Mi 1658	0,2	Do 1613	0,2	1224	4,3	So 1758	0,1
2042	4,0	2116	3,8	2240			0	2322	4,2	2238		1839	0,2		
3 0259	0,0	**18** 0327	0,2	**3**			NW	**3** 0529	0,2	**18** 0445	0,2	**3** 0050	4,2	**18** 0015	4,2
0934	3,7	0958	3,7				h min	1151	4,1	1109	4,1	0654	0,3	0625	0,2
Sa 1531	0,2	So 1549	22				−0 36	o 1800	0,2	Fr 1718	0,2	So 1304	4,4	Mo 1233	4,4
2159	4,1						−0 28			2338	4,1	1921	0,2	1854	0,0
4 0416	−0,1						−0 25	018	4,2	**19** 0545	0,2	**4** 0129	4,2	**19** 0110	−0,2
1045	3,						−0 17	23	0,2	1203	4,2	0733	0,3	0719	0,1
So 1640							−0 18	0	0,1	Sa 1816	0,1	Mo 1340	4,4	Di 1323	4,5
2								4,2				1958	0,2	1946	−0,1
							−0 09	**20**	4,2	0640	0,1	**5** 0205	4,2	**20** 0200	4,2
							* 08		0,1	So 1253	4,3	0808	0,2	0809	0,0
							−0 08		0,0	1909	0,0	Di 1415	4,5	Mi 1411	4,5
							−0 11					2033	0,2	2035	−0,2
							−0 02	2 26	4,3			**6** 0238	4,1	**21** 0248	4,2
									0,0			0840	0,1	0855	−0,1
							+0 02	1	4,1			Mi 1447	4,4	Do 1458	4,6
												2103	0,1	2122	−0,2
														22	0,2
														0937	−0,1
														1545	4,5
															−0,1

UTC + 1 h 00 min (MEZ)

Abb. 24:
Gezeiten-Übersichts-Tabellen.

34

Im hinteren Teil des Heftes findet man Angaben über den mittleren Gezeitenhub, und die Höhe dieses mittleren Gezeitenhubes gegenüber Normalnull (NN) und Kartennull (KN) (Abb. 24 d). KN entspricht dem mittleren Niedrigwasserstand bei Springtide. Darauf beruhen die Tiefenangaben in den Seekarten.

Aus dieser Tabelle erfährt man, wie hoch das mittlere Hochwasser aufläuft. Im Zusammenhang mit den Hochwasserangaben, die das Bundesamt für Seeschiffahrt und Hydrographie (BSH, früher DHI) über die Nachrichten (NDR und DLF) herausgibt, kann man das tatsächlich zu erwartende Hochwasser für den jeweiligen Tag erfahren: ,,Am 1. Juli werden das Mittaghochwasser an der Deutschen Nordseeküste und in Emden, sowie das Nachmittaghochwasser in Bremen und Hamburg so und so viel Dezimeter höher (niedriger) als das mittlere Hochwasser eintreffen." Die genannte Zahl muß dann zum mittleren Hochwasser hinzugezählt (abgezogen) werden.

Abb. 25:
Die Wilhelmshaven (s. a. Abb. 5 und 6) an ihrem Liegeplatz bei einer mittleren Sturmflut (S. 24).

35

Kleines Gezeitenlexikon

Ablaufend Wasser	siehe Ebbe
Auflaufend Wasser	siehe Flut
Amphidromie	Um einen Mittelpunkt nahezu ohne Gezeitenhub laufende kreisförmige Gezeitenwelle
Backbord	Die in Fahrtrichtung gesehen linke Seite eines Schiffes (rote Markierung)
Boje	Anderer Ausdruck für Fahrwassertonne (siehe Tonne), heute wenig gebräuchlich, wird meist für kleinere Tonnen verwendet.
Breitenkreis	In Ost-West-Richtung parallel verlaufende Linien, mit denen man die Erde vom Äquator zu den Polen in jeweils 90 Grad einteilt. Da die Erde eine Kugel ist, hat man sie, um Orte auf ihrer Oberfläche besser festlegen zu können, sowohl in Nord-Süd, wie auch in Ost-West Richtung in Kreise mit jeweils 360 Grad Teilung (2 x 180 Grad, bzw. 4 x 90 Grad) eingeteilt. Die Nord-Süd Teilung wird durch die ost-west verlaufenden Breitenkreise angegeben, die Ost-West Teilung durch die nord-süd verlaufenden Meridiane oder Längenkreise.
Ebbe	Das Fallen (Ablaufen) des Wassers vom Hochwasser bis zum Niedrigwasser.
Ebbstrom	Strom, der durch das ablaufende Wasser (Ebbe) hervorgerufen wird.
Flut	Das Steigen (Auflaufen) des Wassers zwischen Niedrigwasser und Hochwasser.
Flutstrom	Strom, der durch das auflaufende Wasser (Flut) hervorgerufen wird.
Gezeit	(siehe auch Tide). Gezeit (Tide) ist die Bezeichnung für einen kompletten Gezeitenablauf von einem Hochwasser bis zum nächsten Hochwasser, oder von Niedrigwasser zu Niedrigwasser, oder überhaupt von einem Punkt des Gezeitenablaufes bis zur Wiederkehr des gleichen Punktes. (s.a. Abb. 3, S. 10)
Gezeitenhub	Der Wasserstandsunterschied zwischen Niedrigwasser und Hochwasser.
Gezeitenstrom	Sammelbegriff für alle gezeitenbedingten Strömungen.

Hochwasser	Höchster Wasserstand einer Gezeitenperiode.Es ist der Moment, in dem die Flut in die Ebbe übergeht.
Kabeltonne	Eine Tonne (s.a. Tonne), die Stellen markiert, an denen Unterwasserkabel ein Fahrwasser kreuzen.
KN	siehe Kartennull
kn	siehe Knoten
Kartennull	(auch Seekartennull) Das Niveau an dem sich die Tiefenangaben der Seekarten in Gezeitengewässern orientieren. Es ist der Wasserstand des mittleren Springniedrigwassers. Der Seemann bekommt damit die normalerweise zu erwartende Mindestwassertiefe für sein Fahrwasser angezeigt. (s. a. MSPRNW)
Knoten	Geschwindigkeitsmaß für Schiffe auf See. Ein Knoten (kn) entspricht einer Seemeile pro Stunde (sm/h) (s.a. Seemeile). Die Schiffsgeschwindigkeit wurde früher gemessen, indem man eine Leine abrollen ließ, die in bestimmten Abständen mit Knoten versehen war. Die Anzahl der in einer festgelegten Zeit abgelaufenen Knoten entsprach der Schiffsgeschwindigkeit in Seemeilen pro Stunde.
Meridian	(Auch Längenkreis genannt) Gedachte Linien, die Nord-Süd gerichtet über die Pole um die Erde laufen. Mit ihrer Hilfe teilt man den Erdumfang in 360 Grad, oder genauer gesagt, in 2 x 180 Grad (180 Grad Ost und 180 Grad West) ein (s.a. Breitenkreis).
MHW	Mittleres Hochwasser: Der mittlere Hochwasserstand gegenüber einem festgelegten Niveau
MSPRHW (MSprHw)	Mittleres Springtidehochwasser: Der langfristige Mittelwert für das Hochwasser zur Springzeit
MSPRNW (MSprNw)	Mittleres Springtideniedrigwasser: Der langfristige Mittelwert des Niedrigwassers zur Springzeit. Der unter normalen Umständen niedrigste zu erwartende Wasserstand, gleichzeitig der Wert, der in Gezeitengewässern in Seekarten zur Angabe der Fahrwassertiefen verwendet wird. Der Schiffsführer bekommt damit die Sicherheit, mindestens die angegebene Wassertiefe vorzufinden (s.a. Kartennull).

MTH	Mittlerer Tidenhub: Die Höhendifferenz zwischen mittlerem Hoch- und Niedrigwasser
MTHW (MthW)	Mitteltidehochwasser: Der langfristige Mittelwert des Hochwassers
MTNW (MtnW)	Mitteltideniedrigwasser: Der langfristige Mittelwert des Niedrigwassers
Nadir	Der Punkt der Erde, der dem Zenit (siehe Zenit) genau gegenüber liegt.
Niedrigwasser	Niedrigster Wasserstand einer Gezeitenperiode. Es ist auch der Zeitpunkt, an dem die Ebbe in die Flut übergeht.
Nipptide	Tide mit geringem Tidenhub (niedriges Hochwasser und hohes Niedrigwasser); tritt auf, wenn Sonne, Erde und Mond im rechten Winkel zueinander stehen (Halbmond).
Nippzeit	Der Zeitraum um Nipptide
NN	siehe Normalnull
Normalnull	Die Nullinie, auf der alle Höhenangaben auf den Landkarten beruhen. Sie liegt auf mittlerem Meeresniveau. In gezeitenlosen Meeresgebieten orientieren sich die Tiefenangaben im Meer meist ebenfalls an NN. Das gilt nicht für Gezeitengewässer, in denen sich die Tiefenangaben am mittleren Springniedrigwasser orientieren (s.a. KN, Kartennull).
Nullmeridian	Der Meridian, der durch die Sternwarte von Greenwich (heute ein Ortsteil von London) läuft. Der Nullmeridian ist die Linie, an der die Gradeinteilung der Erde in eine Ost- und eine Westhälfte getrennt wird. Dieser Meridian setzt sich über die Pole hinweg als 180er Längengrad fort und führt die Teilung damit auf der gegenüberliegenden Seite der Erde weiter.
Pricke	Fahrwassermarkierung im trockenfallenden Bereich des Wattenmeeres. Ein im Meeresboden festgesteckter langer Stock. In der Hauptfahrtrichtung gesehen links (an Backbord) besteht eine Pricke meist aus einem Birkenstamm, dem man den obersten Teil der Krone gelassen hat. Die rechte Seite des Fahrwassers (Steuerbordseite) wird meistens mit einem Besen gekennzeichnet.

Schwingungsbauch	Ein Ort im offenen Meer, an dem der Gezeitenhub besonders hoch ausfällt.
Seekartennull	siehe Kartennull
Seemeile	Eine Seemeile (sm) = 1,852 Kilometer (km). Die Seemeile entspricht einer Winkelminute, also dem 21 600 sten Teil des Erdumfanges am Äquator.
Schwingungsknoten	Ein Ort im Meer, an dem der Gezeitenhub besonders gering ausfällt, z. B. im Mittelpunkt einer Amphidromie.
Springflut	Der Hochwasserstand bei Springtide
Springtide	Tide mit großem Tidenhub (hohes Hochwasser und niedriges Niedrigwasser). Sie tritt auf, wenn Sonne, Erde und Mond in einer Linie stehen (Vollmond, Neumond).
Springzeit	Die Tage um Springtide
Steuerbord	Die in Fahrtrichtung gesehen rechte Seite eines Schiffes (grüne Markierung)
Sturmflut	Windbedingte, gezeitenunabhängige Wasserstandserhöhung. Sie kann dann zur Gefahr werden, wenn Windstau (s. Windstau) und Hochwasser sich addieren. Leichte Sturmflut: ab 1 m über MThW Mittlere Sturmflut: ab 1,5 m über MThW Schwere Sturmflut: ab 2 m über MThW
Tide	Plattdeutscher Ausdruck für Gezeit
Tidenhub	siehe Gezeitenhub
Tonne	(Fahrwassertonne, Boje), Schwimmkörper, der Begrenzungen eines Fahrwassers oder auch Schiffahrtshindernisse wie Untiefen (Sandbänke o. ä.) oder Wracks kennzeichnet. Die ersten Fahrwassertonnen waren leere Fässer (Tonnen), die an an kritischen Stellen verankerte und mit bestimmten Topzeichen (Markierung auf - am Top - der Tonne) kennzeichnete.
Windstau	Von Windstau spricht man, wenn der Wind das Wasser in eine Bucht oder an eine Küste treibt. Das Wasser wird durch den Wind angestaut.
Zenit	Der Punkt auf der Erde, an dem sich das jeweils betrachtete Gestirn senkrecht über dem Beobachter befindet.

Im Küstenverlag erschienen:

Dr. Joachim Krug

„Sonne, Wind und Wolken"

**Geheimnisse aus der Wetterküche,
ausgeplaudert und verdaulich zubereitet**

Was sind Hoch, Tief, Kaltfront, Warmfront oder Ausläufer? Was verbirgt sich hinter Fremdworten wie Halo, Okklusion oder Isobare? Was geschieht bei einer Wetteränderung? Woran erkenne ich, ob sich das Wetter ändert, Regen oder Schauerwetter kommt?
Haben Bauernregeln einen Wert, wenn ja, unter welchen Bedingungen? Diese und viele andere Fragen zum Wetter werden lebendig und leicht verständlich beantwortet. 35 Fotos und 14 Grafiken machen es zu einem unterhaltsamen „Wetterbilderbuch". Windstärketabelle, eine Übersicht der Wetterkartensymbole und ein Wetterlexikon mit über 60 Stichworten machen es zu einem interessanten Nachschlagewerk über das Wetter.
64 Seiten, 35 Fotos, 14 Grafiken, 2 Tabellen, Lexikon.
Broschiert, DIN A5 · ISBN 3-929901-02-1

Herausgeber: Dr. Joachim Krug (Autor),
               Britta Eden, Kirsten Biel, Antonius Gobes

„Das Wangerland"

Sie erwarten an der Nordseeküste in erster Linie **Strand, Meer, gute Luft und Weite.** Sie wollen **wandern, Rad fahren, reiten,** oder einfach die nahezu unendliche Weite dieser **Landschaft genießen** und erleben. **Aber** - Erwarten Sie hier in dieser ländlichen Gegend die größte Dichte an **romanischen Kirchen** in Deutschland? Ist Ihnen bewußt, daß Sie auf dem Wege in Ihr Ferienquartier möglicherweise auf einem fast **1000 Jahre alten Seedeich** fahren? Wissen Sie, daß alle Erhebungen in der Landschaft, auch die Hügel, auf denen Kirchen, Ortsteile oder gar ganze Orte liegen (Warften oder Wurten), künstlich geschaffen sind, und bis auf **zweitausend Jahre Geschichte** zurückblicken können?
Sie erfahren nicht nur alles über landwirtschaftliche und kulturelle Entwicklung der Landschaft im Nordosten der ostfriesischen Halbinsel, sondern erhalten vor allem Antwort auf die Frage **„Was finde ich wo?"**
Strandbad, Hallen- und Freibad, Essen, Trinken, Schlafen, Einkaufen, Reiten, Segeln, Wandern, Rad fahren, Ärzte, Ausflugsziele, Behörden und so fort.
108 Seiten, 96 Abbildungen, Stichwortverzeichnis, Lexikon.
Paperback, Format: 11,4 x 22,0 cm · ISBN 3-929901-07-2